LES

INSTITUTIONS AGRICOLES

DE L'ALGÉRIE

LES

INSTITUTIONS AGRICOLES

DE L'ALGÉRIE

REVUE HISTORIQUE

SUR L'ORGANISATION DES FERMES-ÉCOLES ET DES FERMES MODÈLES
DES SOCIÉTÉS ET DES COMICES AGRICOLES, DES CHAMBRES CONSULTATIVES
D'AGRICULTURE
DES EXPOSITIONS ET DES CONCOURS DE BESTIAUX

PAR LÉON HÉRAIL

Propriétaire agriculteur. Membre de la Société impériale d'agriculture d'Alger,
inspecteur de colonisation.

« Les progrès de l'agriculture doivent être un des
» objets de notre constante sollicitude ; car de son
» amélioration ou de son déclin date la prospérité
» ou la décadence des empires.

(Napoléon III. *Présentation du projet de loi sur l'assainissement et la mise en culture des Landes de Gascogne.*)

ALGER

TYPOGRAPHIE DUCLAUX, RUE DU COMMERCE

Septembre 1862

LES

INSTITUTIONS AGRICOLES

DE L'ALGÉRIE

§ I.

Les Fermes écoles et les Fermes modèles.

LES FERMES ÉCOLES.

Le 3 décembre 1848, l'Assemblée nationale, issue du suffrage universel, décréta d'enthousiasme l'utilité publique de l'enseignement professionnel d'agriculture en France.

Cette loi, qui a marqué la première étape de cette route si glorieuse, suivie depuis, avec tant de persévérance et de grandeur dans les idées, par le gouvernement actuel, porte en son article 3 :

« La ferme école est une exploitation rurale conduite avec
» habileté et profit, et dans laquelle des apprentis, choisis
» parmi les travailleurs et admis à titre gratuit, exécutent tous
» les travaux, recevant en même temps qu'une rémunération
» de leur travail, un enseignement agricole essentiellement
» pratique. »

Avant 1848, et au mois de septembre de l'année précédente,

M. Cormerais-Castel, pharmacien-chimiste de l'Ecole spéciale de Paris, adressa au ministère de la Guerre, un mémoire tendant à la création d'une ferme école dans la province d'Alger.

Ce projet, outre les difficultés de toutes sortes qu'il offrait, n'était pas réalisable. M. Cormerais-Castel, en effet, n'avait en vue que l'instruction agricole des indigènes, afin d'arriver plus promptement à les assimiler à nos mœurs. Pour obtenir ce résultat, ce praticien demandait au gouvernement :

1° Une concession territoriale de 494 hectares, au lieu dit Bou-Ismaël, aujourd'hui Castiglione, dans la commune de Koléah ;

2° Une somme de 150,000 francs, une fois donnée ;

3° Une subvention annuelle de 6,000 fr. pour le traitement des professeurs et des contre-maitres ;

4° Enfin 275 fr. par apprenti. Comme il se proposait d'en instruire 120, cela aurait entrainé l'État dans une dépense annuelle de 33,000 fr. pour les élèves, et de 6,000 fr. pour les professeurs, sans compter la valeur de la terre et les 150,00 fr. une fois payés.

De telles propositions étaient inacceptables; aussi furent-elles rejetées.

Après 1848, M. Dupré de Saint-Maur, déjà concessionnaire depuis le 23 novembre 1846 de 940 hectares, dépendant de la propriété domaniale d'Agbeil, propriété à laquelle le décret du 11 octobre 1852 a annexé encore 412 hectares, proposa à l'Etat d'instituer sur son domaine une ferme école *pour la vulgarisation des cultures industrielles.*

M. Dupré de Saint-Maur s'engageait à fournir à l'Etat 100 hectares de terres défrichées, les bâtiments et le matériel nécessaires.

En échange, il demandait une subvention annuelle de 20,000 francs pour les frais d'expérience et de personnel, et, de plus, le don d'un certain nombre d'étalons de races chevaline, bovine et ovine.

On conçoit que présenté dans ces conditions, ce projet n'avait guère plus de chances d'être accueilli que celui de son devancier, M. Cormerais-Castel.

« Le défaut de crédits oppose, pour le moment, disait à cet égard, le rapporteur chargé de l'examen de cette proposition, un obstacle absolu à la prise en considération des projets de M. Dupré de Saint-Maur.

» Mais, continuait-il, eût-on les fonds disponibles, sa demande ne me paraîtrait point admissible, telle qu'il l'a formulée.

» Il est à remarquer, en effet, que M. Dupré de Saint-Maur n'entendrait admettre, quant à présent, aucun élève *dans sa ferme école* , de sorte que les sacrifices de l'État n'aboutiraient qu'à payer ses expériences et à satisfaire la curiosité de quelques rares passants.

» A mon sens, il est utile, il est opportun, de créer en Algérie des pépinières de cultivateurs et d'aviser aux moyens d'y appliquer la loi du 3 octobre 1848, en commençant par créer dans chaque province *une ferme école* destinée à l'enseignement primaire de l'agriculture.

» En France, *une ferme école* créée sur une exploitation de cent hectares coûte, en moyenne, à l'Etat la dépense suivante :

Un directeur.............	2,400	»
Un chef de pratique........	1,000	»
Un surveillant comptable....	1,000	»
Un vétérinaire............	500	»
Uu jardinier pépiniériste....	1,000	»
30 élèves (à 250 fr. chacun)..	7,500	»
Prime à l'élève n° 1........	400	»
Total.....	13,800	»
On peut en Algérie, augmenter la dépense d'un quart, soit............	3,450	»
Chaque école coûterait donc..	17,250	»

» Ainsi, il me parait possible de créer *une ferme école* véritable avec une dépense moindre que celle demandée par M. Dupré de Saint-Maur pour organiser simplement une série d'expériences qui ne seraient que d'une utilité fort contestable pour tout autre que pour lui. »

C'était, on le voit, placer dès l'abord, la question sous son véritable jour, et dire nettement qu'il convenait de faire en Algérie ce qui se pratiquait déjà en France avec succès pour l'éducation agricole pratique d'un certain nombre de sujets avec le moins de frais possible pour l'Etat.

Adoptant complétement ces propositions, la Direction de l'Algérie au ministère de la Guerre invita (21 février 1850) le Gouvernement général à s'occuper activement des moyens d'appliquer au pays la loi du 3 octobre 1848, en commençant par fonder dans chaque province une ferme école destinée à l'enseignement primaire d'agriculture.

« Ces établissements, disaient ces instructions, que nous rappelons avec plaisir pour montrer quelles étaient à l'égard de la Colonie les dispositions du département de la Guerre, sont d'une utilité incontestable en Algérie surtout, où la population agricole, composée en partie de familles étrangères aux cultures méridionales, a besoin d'être dirigée dans la pratique des méthodes qui conviennent le mieux au pays.

» Mais pour qu'elles puissent rendre les services que l'on est en droit d'attendre d'elles, les fermes écoles doivent être mises dans des conditions analogues à celles dans lesquelles sont placées les exploitations sur les opérations desquelles elles sont destinées à exercer une influence. »

A son tour, le Gouvernement général invita (3 juillet 1850) les Préfets des trois provinces à soumettre cette question à l'examen des Comices et des Sociétés agricoles, et à résumer leurs propositions dans un travail d'ensemble.

Les principaux points à examiner furent les suivants :

1° Utilité de l'application en Algérie du décret du 3 octobre 1848;

2° Modifications qu'il conviendrait d'apporter aux règlements déjà adoptés par le ministère de l'Agriculture et du Commerce pour les rendre applicables à la situation particulière du pays;

3° Chiffre réel des dépenses qui pourraient être nécessaires;

4° Enfin, possibilité de trouver en Algérie des établissements privés susceptibles d'être affectés à l'institution des fermes écoles.

Sur les deux premiers points, les avis, hormis un seul, furent unanimes. L'utilité incontestable de l'institution en Algérie des fermes écoles fut reconnue par tous, ainsi que la facile application au pays des règlements en usage dans la Métropole, règlements que l'expérience avait déjà sanctionnés.

Une seule voix, disons-nous, s'éleva contre; ce fut pour proposer, au lieu des fermes écoles, impossible, disait-elle, à trouver en Algérie, dont l'auteur de la proposition faisait, à cette époque, un tableau *fort rembruni*, la création d'un Institut agronomique qui tiendrait à la fois de la ferme régionale et de la ferme école, et serait établi, exploité et dirigé pour le compte et aux frais de l'Etat.

C'était là, on le remarquera, éluder la question qui avait été posée: celle de savoir si oui, si non, il était utile et possible de créer en Algérie des fermes écoles dans des conditions identiques à celles instituées en France.

Cette proposition, la seule, nous l'avons dit, qui ait été formulée de cette manière, fut écartée sans discussion : l'État voulait faire des laboureurs et non pas des savants.

Les avis furent beaucoup plus partagés sur le troisième point. Les uns trouvaient que le crédit de 17,250 fr. n'était pas assez élevé, et qu'il convenait d'augmenter la rétribution du directeur, du médecin et du vétérinaire, ainsi que le chiffre de l'indemnité allouée pour chaque apprenti.

D'autres voulaient qu'on revînt au système si commode des

subventions, trop souvent, hélas! mis en pratique jusqu'alors; système que l'Administration sentait déjà la nécessité d'abandonner complétement, et qu'on allouât au propriétaire dont la ferme serait choisie pour servir d'école, une avance *d'une trentaine de mille francs* pour lui permettre d'exécuter tous les travaux d'installation et d'appropriation nécessaires.

C'était encore là une nouvelle manière d'éluder la question. Ne la comprenait-on pas? C'est impossible, car on ne pouvait être plus clair que l'avait été le ministère de la Guerre, lorsqu'il avait demandé, ainsi que nous l'avons expliqué plus haut, de formuler des propositons à cet égard.

Sur le quatrième point, en ce qui concerne le choix d'une exploitation agricole susceptible de pouvoir être affectée à la destination qu'on avait en vue de lui donner, les départements furent unanimes à reconnaître que chacun d'eux possédait une ou plusieurs fermes suffisamment bien installées pour servir au but qu'on se proposait.

Ces diverses propositions soumises au Conseil de gouvernement, furent de sa part l'objet de l'examen le plus minutieux; mais tous les membres ne furent pas d'accord sur la question d'appliquer à l'Algérie le titre 1er du décret du 3 octobre 1848, c'est-à-dire de créer des fermes écoles.

Quelques-uns, partageant l'opinion du Ministre, des Sociétés d'agriculture et des Comices, voyaient dans les fermes écoles le moyen de former vite et sûrement des cultivateurs dont l'exemple et la méthode seraient le meilleur de tous les enseignements.

D'autres attaquèrent l'institution de ces établissements, qu'ils trouvaient prématurée pour l'Algérie, et proposèrent d'adopter un système provisoire consistant à entretenir, aux frais de l'Etat, chez des cultivateurs désignés par une Commission spéciale, un certain nombre d'enfants européens et indigènes.

Ce fut ce dernier avis qui prévalut au sein du Conseil.

Quant à nous, nous ne pensons pas qu'aucune combinaison puisse approcher de l'organisation des fermes écoles, ni atteindre les mêmes résultats. Dispersés dans des exploitations particulières, sans direction unique et méthodique, les élèves ou apprentis n'auraient pu recevoir l'enseignement professionnel dont ils doivent être pourvus, et la surveillance de ces jeunes gens, leur rude apprentissage dans une vie de travaux utiles, mais peu brillants, auraient été livrés à tous les hasards.

Ce furent certainement ces opinions si contradictoires, émises par des hommes qui, à bon droit, pouvaient passer pour compétents dans la matière, qui empêchèrent la réalisation de ces projets.

D'ailleurs, le Ministre qui se trouvait, à cette époque, à la tête du département de la Guerre ne semblait pas avoir personnellement beaucoup de confiance dans l'utilité de ces créations que l'expérience lui paraissait condamner, et il croyait fermement que c'était surtout aux institutions agricoles, telles que les Sociétés et les Chambres consultatives d'agriculture, les Comices, etc., qu'était réservé le soin d'éclairer fructueusement l'expérience des cultivateurs algériens.

« Ces derniers, disait-il, pourront trouver encore, sous certains rapports, de continuels et précieux enseignements dans les essais de culture expérimentale qui sont tentés à la Pépinière centrale du Gouvernement à Alger, et dans les publications faites sur les résultats de ces essais.

» En un mot, ajoutait le Ministre, il y a dans les institutions déjà existantes de féconds éléments d'instruction et d'émulation qu'il ne s'agit, selon moi, que d'améliorer autant que possible. »

La conséquence de ces motifs est facile à deviner. — Il fut décidé, en effet, qu'il ne serait pas créé de fermes écoles en Algérie (septembre 1851).

Depuis cette époque, nul ne s'est plus préoccupé de la création de ces établissements, et, avant même d'avoir été expérimentée, cette institution a été tout d'un coup abandonnée. Le moment nous paraît opportun pour en remettre le projet à l'étude; en s'appuyant sur l'expérience acquise en France, on arrivera sûrement à construire un édifice durable.

Toutefois, avant d'émettre aucun avis, nous avons voulu consulter plusieurs de nos amis. Les réponses qui viennent de nous parvenir sont diverses. Certains nous assurent que les fermes écoles rendent des services réels, mais qu'il serait utile néanmoins d'introduire quelques modifications aux règlements existants, afin de donner plus de stimulant à la jeunesse, et d'assurer aux Directeurs des moyens de coërcition pour le travail. D'autres, au contraire, nous ont fait connaître que les fermes écoles n'étaient nullement profitables au pays. La question est de savoir si elles rendraient des services à l'Algérie? Nous le pensons.

En France, le nombre des agriculteurs est grand. L'enfant suit les leçons de son père et de son aïeul, il nait, vit et meurt agriculteur. La position est-elle la même ici? Non. Donc, ce qui est discutable pour la France ne nous semble pas devoir l'être pour l'Algérie. C'est là, d'ailleurs, une question à examiner.

Dans chacun des articles que nous leur consacrerons, nous apprécierons le rôle qu'ont joué dans la Colonie les institutions agricoles sur lesquelles le Ministre s'appuya pour rejeter le principe de la création des fermes écoles; mais, dès à présent, demandons-nous, si ces créations ont rempli efficacement le but que l'Administration avait en vue en les instituant, et quels sont les progrès qu'elles ont fait faire au pays.

Certes, nous pouvons nous tromper, et nous avouons que nous en serions fort aise, mais en cherchant autour de nous, nous ne voyons pas quels progrès ont été réalisés jusqu'à ce jour, par l'unique influence de ces institutions.

N'en a-t-il pas été de même aussi de toutes les cultures expérimentales tentées par les établissements publics?

Que sont devenues la nopalerie du Jardin d'acclimatation, et les plantations d'arbre à thé de l'Oued-Khremis, faites toutes les deux aux frais de l'État? Quels enseignements ont produit ces expériences qui ont coûté si cher et ont rapporté si peu? Que l'on établisse le bilan et l'on verra.

Mais si les institutions agricoles théoriques dont il vient d'être parlé n'ont pu activer le développement et le perfectionnement de la culture, nous ne pensons pas que la création des fermes écoles puisse avoir le même résultat négatif.

Là, l'instruction est essentiellement pratique, et tous les efforts des maîtres et des apprentis tendent à la perfectibilité, sans toutefois se laisser entraîner dans tous ces essais hasardeux et coûteux que l'expérience et la logique repoussent également.

La modicité de la rémunération qui serait accordée à chaque ferme école (17,250 fr., soit pour les trois provinces 51,750 fr.), au lieu de nous sembler une cause d'insuccès nous semble, au contraire, présenter toutes les chances désirables de réussite.

Il nous paraît nécessaire, en effet, que le Directeur de la ferme école soit placé dans des conditions telles qu'il soit constamment sollicité par son intérêt à ne suivre que les pratiques les les plus sûres, marquées au coin de l'expérience.

Or, le meilleur moyen pour arriver à ce résultat, c'est de le laisser dans cette situation qu'il ait chaque jour besoin de compter avec sa ferme et les produits de sa culture.

Ce serait un danger, à notre avis, d'exagérer les rémunérations à accorder au personnel enseignant des fermes écoles, ainsi que certains l'ont demandé; il faut, nous le répétons, que le Directeur, maître de la ferme, soit constamment sollicité dans sa pratique agricole par les besoins d'une économie bien entendue et les conseils d'une sage prudence qui n'admette que les choses utiles, et dont il puisse espérer un profit raisonnable.

Autrement, avec un traitement fixe, un état-major largement rétribué, une main-d'œuvre qui ne coûte rien, l'on est tenté de se lancer dans les essais, dans les hasards des pratiques vantées par la théorie, mais que l'expérience n'a pas sanctionnées, et l'on va droit aux fermes modèles dont nous allons parler tout à l'heure.

Disons maintenant, pour nous résumer, qu'aujourd'hui que le pays marche résolument dans la voie du progrès, l'heure de la création des fermes écoles nous semble venue. Les maîtres abondent en Algérie, du moins le dit-on, mais les contre-maîtres et les ouvriers principaux manquent absolument, et c'est ceux-là qu'il faudrait surtout.

Nous connaissons bon nombre de riches propriétaires de France qui n'hésiteraient pas un instant à acquérir en Algérie des domaines ruraux d'une valeur de 100, 150 et même 200,000 fr., sommes qui pour eux seraient d'une minime importance au point de vue du capital engagé, s'ils avaient la certitude de pouvoir trouver sur place des régisseurs capables de mettre la main à l'œuvre, et susceptibles, par leurs connaissances acquises, de faire fructifier leurs propriétés.

Or, on n'aura ces régisseurs que le jour seulement où on créera des fermes écoles. Ces contre-maîtres futurs seront les apprentis, européens et indigènes, admis à cet enseignement primaire de l'agriculture. Que faut-il, d'ailleurs, pour cela? Nous l'avons déjà dit, 51,750, ou 60,000 fr. au plus, pour les trois provinces. Que de dépenses inutiles ne fait-on pas dans un but moins élevé !

LES FERMES MODÈLES.

Nous venons d'expliquer les motifs qui ont fait abandonner le projet élaboré cependant avec beaucoup de soins relativement à la création, en Algérie, des fermes écoles. Il nous reste à parler du vœu qui fut formulé par le Conseil général de la province d'Alger, dans sa session de 1858, pour *l'établissement de fermes d'apprentissage raisonné d'agriculture et d'élevage d'animaux domestiques.*

L'expression de ce vœu ayant fait supposer que le pays réclamait l'institution de fermes modèles, le ministère de l'Algérie et des Colonies prescrivit de faire des études en vue de la création, dans chacune des trois provinces, d'un établisssement de ce genre, « doté d'environ 1,000 hectares d'excellentes terres et » pourvu de moyens d'arrosement d'une certaine impor- » tance. »

Les renseignements qui furent recueillis à cet égard ne présentèrent pas cette spontanéité avec laquelle avait été accueillie précédemment l'annonce de la création des fermes écoles.

Nous comprenons, d'ailleurs, fort bien qu'il ait répugné aux fonctionnaires algériens de prélever sur leur territoire une superficie de terrain aussi considérable et aussi bien appropriée, où il aurait été si facile d'installer une population agricole d'une trentaine de feux, dans le seul but de créer une ferme dont les résultats étaient problématiques.

Du reste, on demanda pour chaque ferme 3 à 400,000 francs, ce qui, pour les trois provinces, faisait un million à 1,200,000 fr. et, dès lors, nous ne sommes plus étonné que le vœu formulé par le Conseil général de la province d'Alger soit resté à l'état de projet. Cette question de création de ferme d'apprentissage organisée de cette façon était, comme on le voit, destinée à mourir avant même d'avoir vécu.

Peut-être aurons-nous le loisir dans le courant de cette revue de dire quelques mots de ces titanesques créations agricoles dont il nous est passé tant d'exemples sous les yeux, et qui, certes, n'ont pas fait faire un pas de plus à la question, soit qu'on l'envisage au point de vue de la colonisation proprement dite, c'est-à-dire du peuplement et de la production, soit au point de vue des progrès de l'agriculture

Ne citons qu'un fait, le plus récent : le rapport adressé par le Conseil d'administration à la Compagnie génevoise des colonies suisses de Sétif. Que l'on veuille bien lire ce rapport avec attention, et on demeurera convaincu, nous le croyons, que c'est une faute, une très grande faute de concéder ainsi à un seul individu, voire même à une Compagnie, quelques engagements qu'on lui impose (car il est à croire qu'elle les éludera en majeure partie), des superficies aussi considérables de terrain. Que l'on prescrive une enquête à l'effet de connaître les résultats obtenus par tous ces grands concessionnaires depuis 500 jusqu'à 10,000 hectares, et l'on jugera si nous avons raison de nous élever contre le principe dont il s'agit (1).

Nous avons cité la Compagnie génevoise de Sétif. Est-ce un beau résultat que d'avoir installé, depuis le 26 avril 1853 (date du décret de concession), 98 hommes, 98 femmes et 254 enfants, soit 450 individus de tout sexe et de tout âge, sur les 14,518 hectares 42 ares 8 centiares que la Société possède, d'après ls rapport? Trouve-t-on également que cela soit un progrès réalisé que d'arriver à prouver que la culture arabe prime de plus du tiers la culture européenne ?

Ces exemples qui, malheureusement, sont fort nombreux, nous

---

(1) Il est de notre devoir de dire que notre intention n'est point de faire ici la critique des vastes concessions territoriales que le Gouvernement général a proposé de faire à diverses compagnies françaises et anglaises, en vue, tout particulièrement, de la culture du coton. Non. Ces concessions sont utiles, elles sont nécessaires; elles sont la conséquence forcée de la crise qui pèse si lourdement, en ce moment, sur l'industrie manufacturière de l'Europe tout entière, par suite de la guerre dans laquelle sont engagés les états du Nord et ceux du Sud de la République américaine.

La matière première fait aujourd'hui défaut; le coton manque sur tous les marchés. — Des milliers d'ouvriers, depuis longtemps sans ouvrage, sont sur le point de mourir de faim à côté de leurs métiers inoccupés. C'est une vraie calamité publique.

Nous ne pouvons donc qu'applaudir, au contraire, aux efforts que fait le Gouvernement général dans le but d'arriver à une prompte solution. Il y a cas d'utilité publique au premier chef, et, à ce titre, nous espérons que le Conseil d'État et l'Empereur sauront aplanir les difficultés de détail qui pourront s'opposer à la réalisation immédiate de ces projets. A notre avis, l'Administration ne pourra, dans ce cas particulier, se montrer trop large dans les conditions à imposer, pourvu que celle de la production du coton domine.

font désirer ardemment que l'Administration supérieure veuille bien adopter enfin, en tant, toutefois, qu'il ne s'agira pas de créer des villages, le principe absolu de la vente des terres, mais au profit des Européens seulement, attendu que ce sont eux seuls que nous avons intérêt à favoriser pour les attirer en Algérie.

Par arrêté ministériel, en date du 31 décembre 1851, le titre officiel de *ferme modèle* a été octroyé à l'exploitation agricole d'Arbal (province d'Oran), appartenant à M. Dupré de Saint-Maur. C'est là le seul exemple de création des fermes modèles.

Il en existe bien une autre, à proximité d'Alger, sur la route de l'Arbah; mais celle-là n'a jamais été autorisée à prendre ce titre; elle l'a pris, nous ne savons trop pourquoi. Cette propriété, qui est gérée par M. X. Bordet, homme parfaitement entendu en agriculture, appartient à une Société qui ne s'inquiète, nous a-t-on dit, que d'une seule chose: c'est que son exploitation lui rapporte l'intérêt du capital engagé. On nous a assuré qu'elle réussissait à obtenir ce résultat. Nous en félicitons sincèrement le gérant, M. Bordet.

§ II.

Les Comices et les Sociétés d'agriculture.

LES COMICES.

Si nous avions voulu nous borner à retracer ici l'utilité de l'installation des comices agricoles tant dans la métropole qu'en Algérie, nous n'aurions eu besoin que de renvoyer nos lecteurs au remarquable rapport qui déjà a été publié sur cette question par la Société impériale d'agriculture d'Alger, dans son bulletin du 1er trimestre de cette année; mais le cadre de notre revue n'est point le même : nous avons à faire l'historique des comices et des sociétés d'agriculture qui ont existé ou qui existent encore aujourd'hui dans la colonie, et notre tâche est d'expliquer sommairement les causes qui ont influé sur leur existence.

Définissons les comices : *Ce sont des associations de propriétaires et de cultivateurs.* Mais on a trop cru, jusqu'ici, que c'était simplement *une réunion* d'individus où chacun devait dire son avis : de là, la source du mal. Tandis qu'on ne *s'associe* que pour *faire en commun,* suivant la position et le pouvoir de chaque *associé.*

Sans remonter aux *Comitia* des Romains qui, d'ailleurs, n'étaient point des associations agricoles, mais des assemblées populaires, l'origine des comices est plus ancienne qu'on ne le croit généralement. En 1556, sous le règne de Henri II, il existait une institution tout-à-fait analogue, moins la dénomination, c'était les *Chambres agraires, rurales et arpentaires pour gouverner et régenter les terres négligées.* Nous ne connaissons que de nom ces associations du 16e siècle, nous n'avons pu trouver rien qui s'y rapportât. — En 1757, les statuts de la première société d'agriculture qui venait d'être fondée dans la Bretagne, contenaient cette disposition remarquable, où se trouve l'esprit des comices. : *quand une pratique aura été reconnue bonne, chaque associé, dans son district, s'attachera à la répandre en l'éprouvant lui-même, en s'engageant à la suivre, et surtout en démontrant aux laboureurs les avantages qui en résultent.* — En 1784 et 1785, des comices furent créés daus la généralité de Paris par l'initiative de l'intendant de cette juridiction, M. Berthier de Sauvigny : ils étaient composés des laboureurs des environs, des gros fermiers et des propriétaires qui habitaient leurs terres ; tous se réunissaient périodiquement soit à l'hôtel de ville, soit dans les habitations rurales de quelques-uns des membres, et là, *on se faisait part mutuellement de tout ce qui pouvait intéresser les progrès de la culture; on s'occupait moins d'endoctriner que de recueillir les renseignements utiles, que de redresser certaines erreurs qui pouvaient encore se rencontrer. Les séances se terminaient par un banquet où les rangs étaient confondus et où s'établissaient ces relations douces, si utiles alors, si nécessaires aujourd'hui.*

Toutefois, la révolution de 1789, nos 25 années de guerre et les préoccupations politiques de la Restauration avaient entièrement fait perdre de vue les comices agricoles, lorsqu'un homme de bien, M. de Lorgeril, ancien député d'Ille-et-Vilaine, fort des traditions de son pays et de ce qui avait été fait en Bretagne en 1757, résolut d'en organiser un, en 1816, dans les environs de Rennes. Le comice de *Plesder* fut donc créé. Des primes d'encouragement furent instituées par l'honorable fondateur, et à ses frais, pour être distribuées, chaque année, dans une réunion solennelle du mois de septembre. Cette institution durait encore en 1843.

Après M. de Lorgeril, le général Bugeaud a été le plus ardent promoteur de ces institutions. Citons comme preuve irrécusable de ce fait, les mémorables paroles qu'il prononça dans la séance de la Chambre des Députés du 28 février 1832 : *Je demande que l'article* 18 *du budget soit augmenté de* 2,000,000 *de francs qui seraient affectés spécialement à l'établissement d'un comice agricole dans chaque canton du Royaume. Si j'étais assez heureux,* disait, à cette occasion, le regrettable Maréchal à ses collègues de la Chambre, *pour vous voir adopter mon amendement, ce serait le plus beau jour de ma vie ; car, réformer et améliorer notre agriculture est une gloire qui vaut toutes les autres.*

Certes, il ne pouvait prédire, à cette époque, les lauriers de toutes sortes qu'il devait, plus tard, cueillir en Algérie *ense et aratro,* suivant sa devise. Ce fut au commencement de 1847, dans un instant de répit que la fortune déjà chancelante d'Abd-el-Kader donna à la colonie, que l'illustre et vénéré Maréchal conçut l'idée d'établir en Algérie, à l'instar de ce qui se pratiquait en France, des comices agricoles. Ce projet rencontra beaucoup de sympathie parmi la population, mais le départ, à cette époque, du Maréchal le fit abandonner presque aussitôt.

C'est la ville de Douéra qui, la première, croyons-nous, donna à l'Algérie l'exemple de ces créations. Ce comice, d'ailleurs, n'eut qu'une existence tout-à-fait éphémère, et il nous a été impossible de rien retrouver qui fût relatif à son organisation (1).

Peu de temps après, quelques propriétaires du département d'Alger, principalement de Boufarik, se réunirent (15 octobre 1849) pour fonder le comice agricole de la province d'Alger, dont le siége fut fixé à Boufarik.

La déclaration de principes qui figure en tête des Statuts qui furent adoptés par ce Comité donna, à cette époque, une idée des efforts que se proposait de tenter l'association projetée.

(1) Il n'est point question ici du comice actuellement existant à Douéra sous le titre de *Comice agricole du Sahel d'Alger.*

Alléger les charges de la métropole en multipliant les produits de la colonie ; vulgariser la science agricole en mettant l'expérience des anciens colons au service des nouveaux ; exciter l'émulation des travailleurs aisés par des distinctions honorifiques, et celle des travailleurs pauvres par des primes et des secours ; enfin venir en aide aux indigènes eux-mêmes et les attirer, par un contact de tous les jours et un mutuel échange de communications agronomiques, dans le mouvement de notre colonisation, telles furent les vues que le Comice agricole de la province d'Alger se proposa de mettre en œuvre.

Réussit-il dans sa tâche ? Non ; son projet était trop vaste : il lui fut impossible de le remplir ; il échoua au sortir du port ; il échoua pour avoir voulu trop faire, trop embrasser, car comme le dit avec juste raison le proverbe : *qui trop embrasse mal étreint.*

On ne correspond pas, en effet, avec les ministères, les préfectures, les comices et les sociétés d'agriculture de toute la France, sans des moyens d'action considérables. Ces moyens manquèrent, le zèle des membres s'attiédit, et, à son tour, le comice manqua.

Sa faute encore fut de trop compter sur les autres, et pas assez sur ses propres ressources ; il espérait le concours pécuniaire de l'administration, ainsi que des grands comme des petits propriétaires qui « ne pouvaient, certes, avoir garde de » refuser une aumône aussi bien placée. » Il comptait aussi sur la générosité de la France dont les Représentants venaient de voter, d'un coup, 50 millions pour la création des colonies agricoles ; enfin, « on voulait se faire valoir ce qu'on valait, » pour nous servir des paroles mêmes d'un poète bien connu. (*Discours d'ouverture des séances du comice*, 15 octobre 1849.)

Peut-être serait-on disposé à croire, d'après l'exposé qui précède, que notre opinion est contraire à la création des comices et que nous les considérons uniquement, sans doute, comme pouvant servir à certaines gens de marche-pied pour s'élever.

Non, nous ne saurions avoir une telle pensée. Notre intention a été seulement de démontrer, par un exemple, la nécessité pour chacun de ne compter que sur soi-même, et de rester dans sa sphère, sous peine, comme Icare, de s'exposer à voir fondre la cire de ses aîles par les rayons incandescents du soleil.

Nous ne voulons pas non plus contester les services que peuvent rendre les comices, mais nous contestons ceux qu'on a prétendu qu'ils ont rendus jusqu'à ce jour. Pouvait-il en être autrement, d'ailleurs, organisés isolément, ainsi qu'ils l'ont été? Non. Nous attendons d'autres résultats de l'impulsion si vive que semble vouloir donner à cette utile institution le Gouvernement général de l'Algérie.

Il faut pour que les comices soient, pour qu'ils aient quelque raison d'être, qu'une direction plus utile que celle qu'ils ont reçue jusqu'à présent soit donnée à leurs travaux. Il convient qu'ils s'unifient d'une manière complète, qu'ils fassent corps ensemble, et que, surtout, ils soient indépendants et s'ingénient à vivre avec leurs seules ressources.

Il est encore une condition fort essentielle qu'il faut que ces institutions réunissent pour réussir : c'est le zèle, le concours et, disons-le aussi, les sacrifices de chacun des membres.

Nous croyons utile de retracer sommairement ici, d'après le rapport présenté à la Société impériale d'agriculture d'Alger par la Commission qu'elle avait chargée de ce soin, les dispositions généralement adoptées en France, et qui, sauf, toutefois, nouvel examen et nouvelles études rendues nécessaires par suite de l'organisation actuelle du pays, peuvent servir de modèle pour l'Algérie.

« Les associations agricoles d'un département se composent :

« 1° De comices de canton fonctionnant dans leur localité ;

« 2° De comices généraux d'arrondissement formés soit par

la réunion de tous les comices en un seul, soit par celle des bureaux ou de délégations élues *ad hoc* ;

3° D'une société départementale dont l'action s'étend sur toute l'étendue du département.

» Les comices sont composés des agriculteurs de bonne volonté qui consentent à s'assujétir au paiement d'une cotisation annuelle dont le minimum est de 5 francs ; leur revenu provient du montant de ces cotisations, des allocations préfectorales et ministérielles et des dons faits par les particuliers.

» Les comices se rassemblent de préférence les jours de fête, de marché, de foire, afin de déranger le moins possible les cultivateurs et d'attirer à ces solennités le plus grand concours possible.

» Leur but paraît être spécialement de proposer des prix (médailles et primes) à ceux qui ont obtenu le plus de succès, soit dans un genre quelconque de culture, soit dans l'éducation des bestiaux, soit dans le perfectionnement des instruments aratoires. Ces prix sont distribués publiquement, avec apparat, dans une fête annuelle, après une visite des fermes, une lutte de charrues, une exposition de bestiaux, d'instruments et même de produits.

Il y a des *primes locales* affectées aux seuls cultivateurs du canton ou des cantons que le comice comprend dans sa circonscription et des *primes générales* offertes indistinctement à tous les cultivateurs du département.

» Les primes et médailles *locales* sont accordées aux meilleures cultures fourragères, au plus bel ensemble de bétail, à la moralité des serviteurs et servantes de ferme.

» Les primes et médailles *générales* à l'habileté des laboureurs, aux perfectionnements apportés dans la construction des instruments, machines et outils aratoires, aux meilleures bêtes bovines, aux meilleures méthodes d'élevage, à la conformation, engrais et toisons des bêtes ovines.

» Les sociétés *départementales* décernent des médailles et

primes aux exploitations les mieux dirigées, aux dispositions les plus convenables du logement destiné au bétail, au meilleur régime alimentaire auquel il est soumis, au meilleur mode de préparation des fumiers, à l'emploi des amendements, au meilleur mode d'association entre propriétaires et cultivateurs, fermiers, régisseurs, métayers, domestiques, à l'amélioration dans les baux, aux domestiques qui suivent des classes d'adultes, aux instituteurs ou autres qui contribuent à l'instruction primaire ou professionnelle des populations rurales, aux ouvrages élémentaires vendus à vil prix et propres à répandre dans les campagnes des connaissances utiles, à la meilleure comptabilité rurale, à l'élevage et à l'introduction des animaux de race, aux reboisements, aux défrichements et assainissements, aux perfectionnements dans les arts agricoles.

» Ces sociétés rendent compte des fonds qui leur sont alloués et adressent au ministère de l'Agriculture des bulletins, où sont consignés leurs observations et le résumé de leurs travaux. Dans les enquêtes administratives, elles ont à répondre aux questions qui leur sont posées. »

Seulement nous ne partageons pas la motion présentée par la Société impériale d'agriculture d'être chargée, avec l'aide et les indications des autorités locales, de procéder à l'organisation de cette institution dans les trois départements algériens.

Nous verrions là plus d'un inconvénient. D'abord, ce serait donner à la Société des attributions qui sont purement administratives, en raison des correspondances et des rapports qu'il lui serait nécessaire d'entretenir avec les trois préfets. En outre, ce serait rendre l'association impossible, et réveiller, dès le début, cet antagonisme de clocher dont la presse locale a déjà tant de fois gémi sous les plaintes réitérées de nos voisins de l'Est et de l'Ouest.

A notre avis, il ne faut pas de centralisation agronomique, là où les intérêts et les aspirations peuvent être différents.

Jusqu'à ce jour, les comices agricoles en France, n'ont été

l'objet d'aucune mesure législative, et l'administration n'est intervenue qu'à titre de conseil.

De même donc que dans la métropole, où la liberté la plus complète règne à cet égard, il est convenable de laisser en Algérie ces associations s'organiser partout librement et conformément aux vues, aux besoins, aux aspirations de ceux qui les constituent, à la condition de se conformer à des données générales, indispensables à la constitution d'un ensemble capable de fonctionner régulièrement.

Nous en avons assez dit sur l'institution des Comices agricoles en Algérie ; les colons paraissent parfaitement disposés à la recevoir; sont-ils aptes à en profiter ? c'est ce que l'avenir nous apprendra.

Oui, répondrons-nous, pour le moment, s'ils se renferment dans la mission qu'ils auront voulu se donner et qui est, plus qu'on ne semble le croire, une mission d'abnégation et de dévoûment.

Non, s'ils font de leur réunion un club où s'agiteront parfois les questions les plus divergentes et où les personnalités feront le plus souvent l'objet des discussions.

A cet égard, et afin d'obvier en partie à cette crainte que l'on pourra concevoir que les Comices pussent s'occuper d'objets étrangers à l'agriculture, nous pensons qu'il sera sans doute sage d'appliquer promptement à l'Algérie la loi du 20 mars 1851 qui règle (art. 2) les conditions que doivent remplir les membres de ces assemblées pour être admis à en faire partie.

Nous ne pouvons rien dire du Comice agricole de l'arrondissement de Mostaganem, si ce n'est que sa séance d'installation eut lieu le dernier dimanche du mois de mai 1850. Nous n'avons pu trouver aucune trace de ses travaux depuis cette époque.

Outre les comices déjà créés à Douéra et à Orléansville, dans la province d'Alger, à Bône, dans la province de Constantine.

ainsi que ceux de Mascara, d'Oran, et de St-Denis-du-Sig, dans la province d'Oran, il s'en forme actuellement un très grand nombre d'autres sur divers points de l'Algérie : à Blidah, à Mostaganem et à Valmy,

Saluons ces créations et souhaitons leur liesse et longue vie.

LES SOCIÉTÉS D'AGRICULTURE.

La plus ancienne de ces associations en Algérie est celle qui fut créée le 18 décembre 1831, sous le titre de *Société coloniale d'Alger*. Son premier président fut M. Prus, ingénieur en chef des Ponts-et-Chaussées, son dernier. M. Filhon, président du tribunal supérieur. Cependant elle paraît avoir survécu à ce dernier, puisque nous avons eu sous les yeux le compte rendu d'une séance, en date du 4 juin 1841, laquelle fut présidée par M. Rozey, rapporteur.

Ce fut, croyons-nous, sa dernière réunion. Toutefois, nous regrettons l'obscurité qui l'entoure, car de ses efforts datent les premiers essais de culture du tabac, du coton et des arachides. Déjà, en effet, en 1837, un propriétaire des environs d'Alger, M. Pellissier, prouvait, à la suite des expériences qu'il avait faites à Kaddous, « que le coton réussissait facilement à Alger, » et qu'il ne s'agissait plus que d'un peu d'expérience et de » machines les plus économiques pour le produire à bon marché, si ce n'est à meilleur compte que les étrangers. »

Nous avons tenu à reproduire textuellement ici les propres termes du rapport de la Société coloniale (séance du mois de juin 1841).

Après cette association expirante ou expirée, pour parler comme le poète, la Société d'agriculture d'Alger, aujourd'hui qualifiée Société impériale, est la plus ancienne des associations du même genre qui aient existé en Algérie. Sa création remonte à 1840, et le 25 octobre de cette même année, le comte Valée, alors gouverneur général, approuvait ses statuts.

A elle d'avoir inauguré, en 1844, à Mustapha, sous la présidence du maréchal Bugeaud, le premier concours de charrues qui ait eu lieu en Algérie; à elle d'avoir, la première encore, en février 1848, réclamé la révision de notre législation douanière, et d'avoir, par son insistance, en même temps que par la maturité de ses propositions, préparé les éléments de la loi régénératrice du 11 janvier 1851, sur le régime commercial de l'Algérie.

Depuis cette dernière époque où elle sut si bien se faire connaître et se faire apprécier, la Société d'agriculture, consultée en toute occasion par l'administration supérieure locale sur les questions les plus intéressantes de l'agriculture, a su constamment se maintenir à la hauteur de sa mission.

Sur la proposition du Conseil général de la province d'Alger, dans sa session ordinaire de 1858, un décret impérial, en date du 1er mai 1861, l'a déclarée établissement d'utilité publique, susceptible, en cette qualité, d'acquérir, de recevoir, de posséder et d'aliéner, après y avoir été dûment autorisée.

Enfin, la distinction honorifique qui lui a été décernée, par décision impériale, en date du 8 septembre suivant, a été la juste récompense de ses efforts et de ses travaux. Son organisation est forte; elle ne périclitera pas.

La Société d'agriculture de Bône, instituée par arrêté du Gouverneur général, en date du 24 août 1842, a été constituée définitivement le 2 novembre de la même année.

Nous avons eu sous les yeux le compte rendu de ses travaux jusqu'au 28 novembre 1844, il nous a paru y voir beaucoup plus de vœux exprimés que de résultats acquis. Quoi qu'il en soit, privée, en 1851, lors de la création des Chambres consultatives d'agriculture, de la subvention de 1,500 francs que l'administration lui avait précédemment accordée, elle n'a pas tardé à se dissoudre.

Grâce à l'initiative de quelques personnes notables de la localité, cette société vient aujourd'hui de s'organiser en comice dont les services, nous en avons la confiance, seront beaucoup plus durables.

La Société d'agriculture d'Oran est moins ancienne. Elle fut fondée par arrêté, en date du 19 janvier 1845, du maréchal Bugeaud, gouverneur général.

Le 17 mars suivant, la Société se constituait et adoptait ses statuts.

Une interruption fort prolongée de ses séances signala l'année 1847 et le commencement de 1848 ; à cette époque, reprenant l'œuvre qu'elle avait commencée, la Société s'adjoignit de nouveaux membres, et se rencontrant en communauté d'idées avec la Société d'agriculture d'Alger, elle proposa de demander :

1° L'introduction en franchise, dans la métropole, des porcs vivants, graisse de porc (saindoux), viandes salées de porc et autres ;

2° Le paiement des droits du tarif général par les légumes verts de toutes sortes, ainsi que les melons, concombres et pastèques.

Elle traita aussi cette question si capitale pour l'agriculture et la colonisation du pays : l'entrée en franchise des céréales algériennes dans les ports français.

En 1850, elle tenta de venir en aide, par ses sollicitations auprès de l'autorité, aux colons de la province d'Oran, ruinés par la sécheresse.

Depuis cette époque, nous perdons sa trace et nous le regrettons.

L'existence de la Société d'agriculture de Philippeville date seulement de 1848. Nous ne connaissons rien de ses travaux, quoiqu'elle ait participé aux allocations que le Gouvernement faisait alors à chacune des associations de ce genre qui existaient en Algérie.

§ III.

Les Chambres consultatives d'agriculture.

L'idée de réunir les efforts agricoles pour les faire servir à l'instruction de tous est fort ancienne. Depuis longtemps il avait paru démontré qu'il fallait donner à l'agriculture, non-seulement dans l'intérêt de cette industrie, mais encore dans celui de l'industrie manufacturière et du bien-être général des populations, des institutions analogues à celles qui protégent l'industrie manufacturière et le commerce.

Les tentatives du Gouvernement dans cet ordre d'idées remontent à l'année 1819. A cette époque, M. Decazes établit près du ministère de l'Intérieur un conseil d'agriculture dont les réunions étaient hebdomadaires. On demanda immédiatement un correspondant par arrondissement, et les relations qui furent établies devinrent assez actives, là où l'agriculture était en progrès; mais on laissa plus tard s'éteindre cette institution.

Par une circulaire en date du 28 mars 1829, M. de Martignac annonça aux préfets du royaume l'intention du Gouvernement de mettre en vigueur l'ordonnance royale du 28 janvier 1819.

Les termes de cette circulaire, que nous regrettons vivement de ne pouvoir reproduire *in extenso*, le cadre de cette revue s'y opposant, font connaître combien le ministre était frappé des inconvénients de l'isolement dans lequel s'exerçait l'industrie agricole et de la nécessité de lui donner une représentation réelle et légale.

M. de Martignac avait alors décidé que les correspondants

précédemment institués seraient remplacés par un conseil de propriétaires cultivateurs placé au chef-lieu de chaque préfecture, ainsi que par des comités consultatifs institués près des sous-préfectures.

Le ministère du 8 août 1829 n'adopta pas les idées de M. de Martignac.

Ce fut sous le gouvernement de 1830 que, par un commencement d'organisation, on voulut donner à l'agriculture la représentation légale dont elle était privée ; l'ordonnance royale du 29 avril 1831, en reconstituant les conseils généraux du commerce et des manufactures, donna au ministre le droit d'introduire dans ces conseils une section dite Conseil d'agriculture, composée de trente membres dont les réunions devraient être annuelles. En 1840, ce conseil n'avait encore été appelé que trois fois.

Dans le courant de cette année (8 avril 1840), MM. Deflite et de Beaumont saisirent la Chambre des Députés d'une proposition par laquelle ils demandaient la création :

1° D'un conseil général d'agriculture composé de 55 membres dont 45 seraient présentés par la Chambre consultative d'agriculture et douze nommés directement par le ministre ;

2° D'une chambre consultative par département.

Cette proposition soutenue par le maréchal Bugeaud, dont le nom se trouve mêlé à nos fastes agricoles aussi bien qu'à nos fastes militaires, fut amendée, malgré le mérite du travail de son auteur, par la commission chargée de l'examiner et qui avait désigné M. Tourret pour son rapporteur. Mais, lors de la discussion, elle fut définitivement rejetée.

Une nouvelle ordonnance royale, en date du 29 octobre 1841, reconstitua sur de nouvelles bases le conseil général d'agriculture.

Le nombre des membres fut porté à 55, et les sessions durent avoir lieu tous les trois ans.

En 1848, M. Tourret, devenu ministre de l'agriculture et du

commerce, voulut reprendre le projet qu'il avait défendu comme rapporteur, en 1840, et, par ses soins, l'Assemblée constituante fut saisie, le 11 décembre 1848, d'un projet de loi qui ne put être discuté, mais sur lequel le comité d'agriculture fit un rapport qui en proposait l'adoption, en y apportant de légères modifications.

Le 23 juin 1849, sous le ministère Lanjuinais, un nouveau projet, peu différent de celui présenté par la commission de l'Assemblée nationale constituante, fut soumis à l'examen du Conseil d'État, qui le renvoya, avec son avis, à M. le Ministre de l'agriculture et du commerce, le 18 octobre 1849.

Malgré cette persistance, rien, à cette époque, n'avait pu vaincre l'incertitude ou la timidité du gouvernement auquel sa récente installation conseillait, d'ailleurs, la plus grande prudence.

Il était réservé à la Direction de l'Algérie, au ministère de la Guerre, de donner la colonie en exemple à la métropole, et le décret du 6 octobre, rendu sur la seule proposition du Ministre de la Guerre, parut, appuyé sur l'imposante autorité du Conseil général de l'agriculture, non moins que sur une juste appréciation des besoins du pays.

D'ailleurs, les nombreuses discussions auxquelles la présentation et l'examen des projets de loi avaient précédemment donné lieu à l'Assemblée constituante et au Conseil d'État ne laissaient plus de doute à cet égard.

La Direction de l'Algérie, au ministère de la Guerre, était, à bon droit, fondée à croire le moment opportun de s'occuper de cette question, au point de vue de sa colonie méditerranéenne. Une semblable institution lui paraissait surtout appelée à rendre de grands services à l'Algérie où l'agriculture, encore à l'état d'enfance, languissait, privée des éléments de tout progrès. L'administration lui parut avoir besoin d'être éclairée sur les améliorations que réclamait l'industrie agricole, afin de diriger vers un but plus fertile en résultats les efforts des colons et parvenir ainsi beaucoup plus promptement à obtenir du sol africain les richesses qu'il renferme.

La possibilité de régler l'organisation des Chambres consultatives par une loi fut tout d'abord écartée, soit par le Conseil général d'agriculture, soit par le Conseil d'État. Il y avait, en effet, des inconvénients à faire instituer et réglementer par une loi des corps qui sont uniquement destinés à éclairer par leurs avis les autorités administratives, et qui, s'ils étaient établis parallèlement aux corps politiques, pourraient, en certains cas, tendre à en entraver l'action.

A peine le décret du 6 octobre 1850 était-il rendu, que le ministrère de l'Agriculture et du Commerce, piqué d'une noble émulation, instituait, en décembre, des Chambres ou commissions consultatives au chef-lieu de chaque département.

Enfin, quelques semaines plus tard, l'initiative parlementaire enfantait, avec le concours et l'assentiment du cabinet, la loi du 20 mars qui avait organisé la représentation agricole dans tous ses degrés, en l'établissant sur la base des comices, et en la couronnant d'un Conseil général d'agriculture où chaque département devait être représenté par un membre que devait élire la Chambre consultative élue elle-même par les comices ou complétée par le Conseil général du département pour les arrondissements et les départements où des comices ne se seraient pas encore organisés.

Premier et remarquable exemple, après une interruption de 55 ans, du retour à l'élection à deux degrés à laquelle la France fut redevable de la mémorable Assemblée de 1789 et des Conseils législatifs à tendances monarchiques sous le gouvernement du Directoire.

Il n'en avait point été de même en Algérie; la nécessité de tenir compte de la situation du pays n'avait pas semblé devoir permettre d'accueillir dans leur ensemble les vœux exprimés, avant cette époque, par le Conseil général et le Congrès central, en ce qui concerne les éléments qui devaient servir à la composition des Chambres d'agriculture.

L'élection à deux degrés que nous voyons cependant avoir été adoptée l'année suivante en France, parut avoir l'inconvénient grave de soustraire, pendant un temps trop long, les colons à leurs travaux, et, d'un autre côté, la création de comités d'arrondissement qui était proposée, en facilitant l'élection, semblait de nature à faire disparaître les motifs sur lesquels s'était appuyé le Conseil général de l'agriculture pour la justifier.

La première question qui fut examinée fut celle de savoir s'il convenait de confier aux agriculteurs eux-mêmes l'élection des membres des Chambres d'agriculture. Le décret du 6 octobre fut affirmatif à cet égard. Il parut évident, en effet, que personne mieux que les colons ne pouvait choisir pour les représenter les hommes les plus capables de protéger leurs intérêts et de les faire valoir. On pensa encore, avec juste raison, que les dangers que pourrait présenter le système électoral appliqué à l'Algérie étaient nuls. Il y a, en effet, une grande différence entre la population des villes et celle des campagnes, et, dans tous les cas, il était facile de trouver des garanties d'ordre et de moralité en ne conférant le droit d'élection qu'aux propriétaires et à ceux qui cultivent, soit comme concessionnaires, soit comme fermiers ou métayers (les khammès indigènes exceptés).

Ces deux questions furent résolues affirmativement (articles 5 et 12 du décret).

Toutefois, sur les observations du Conseil général d'agriculture, afin de ne pas priver les Chambres des lumières des hommes spéciaux qui auraient pu être laissés de côté par l'élection et qui leur auraient ainsi ôté, pour une foule de questions, un élément de science et un élément de force, on jugea utile de laisser au Gouverneur général le droit d'y joindre, sur la proposition des préfets et des généraux commandant les divisions, un nombre de membres égal au sixième des membres élus.

Comme on le voit, le décret présidentiel du 6 octobre 1850, qui s'appuyait, dans presque toutes ses dispositions, sur les délibérations des organes de l'agriculture française, et pourvoyait à tous les besoins dans une sage mesure à la fois de libéralité et de prudence, aurait suffi, sans doute, aux nécessités du pays. Son exécution, fondée sur le principe de l'élection directe par des électeurs spéciaux, aurait certainement, au prix de quelques complications de détail, bientôt conquis à la nouvelle institution l'approbation et les suffrages de la population agricole.

En conformité des prescriptions du décret, les élections pour la nomination des membres des Chambres consultatives d'agriculture eurent lieu simultanément dans les trois provinces, le 4 avril 1852.

Mais, il faut le dire, la loi et le décret fondés l'un et l'autre sur le principe de l'élection, échouèrent après une courte expérience, devant les mêmes difficultés d'exécution.

Le résultat des élections du 4 avril fut tel qu'il fallut les considérer comme non avenues et surseoir à l'installation des assemblées qui en étaient le produit.

Dans le même temps, les inconvenients du système électif appliqué à la représentation agricole se révélaient aussi en France où ce système avait été introduit par la loi du 20 mars 1854 et mis en pratique depuis peu. C'est, du moins, ce dont témoigne le premier considérant du décret du 25 mars 1852, qui vint supprimer le mode d'élection établi par cette loi, et remettre au choix de l'administration la composition des Chambres consultatives d'agriculture (1).

(1) « Considérant que si la loi du 20 mars 1851 a satisfait en prin- » cipe, au vœu généralement exprimé d'une représentation officielle de » l'agriculture, elle offre néanmoins dans l'application des difficultés

Il sort du cadre de cette revue d'apprécier le droit que pouvait avoir le décret du 25 mars 1852 de supprimer ainsi la partie la plus importante de la loi du 20 mars 1851, le droit d'élection, lequel avait été sanctionné par une loi délibérée en séance solennelle des représentants du pays. Disons seulement que dans un tel état de choses, la nécessité de modifier le décret du 6 octobre était évidente. Le système de l'élection reconnu impraticable ne pouvait être maintenu dans la colonie, dès lors qu'il cessait d'exister dans la métropole, et il devenait indispensable de mettre l'organisation des Chambres consultatives algériennes en harmonie avec la nouvelle organisation créée en France par le nouveau décret, qui attribuait exclusivement à l'autorité publique la nomination des membres de ces assemblées.

Un projet de décret abrogatif de celui du 6 octobre 1850 fut immédiatement préparé, par l'ordre du ministre, dans les bureaux de la Direction des affaires de l'Algérie, puis soumis Conseil de gouvernement, et, en dernier lieu enfin, à la sanction du Comité consultatif de l'Algérie.

Ainsi fut élaboré le décret impérial du 22 avril 1853, promulgué en Algérie le 7 juin suivant. C'est ce décret qui nous régit encore aujourd'hui, sauf quelques modifications de détail, motivées par les changements qu'a apportés, depuis cette époque, dans l'organisation administrative de l'Algérie, le décret du 27 octobre 1858.

Aux termes du décret du 22 avril, l'époque et la durée de la session annuelle des Chambres consultatives d'agriculture étaient fixées par le Gouverneur général; c'était également au chef de la colonie qu'appartenait la nomination des membres.

D'autre part, bien que le décret (art. 8) conférât aux

» très graves, tant sous le rapport du mode de l'élection, que sous celui
» des atteintes qu'elle porte à la liberté d'action des sociétés d'agricul-
» ture et des comices agricoles. »

préfets le soin de dresser, de concert avec les généraux de division, le programme des travaux de ces assemblées, il avait été reconnu qu'il convenait, pour rendre ces travaux fructueux, de poser les mêmes questions aux Chambres des trois provinces, et le Gouverneur général s'était réservé le droit d'arrêter lui-même un programme unique pour les trois circonscriptions.

Le système indiqué par le décret avait, en effet, à notre avis, l'inconvénient de mettre en discussion des questions dont l'application pouvait être inopportune ou prématurée, en ce sens, que l'administration, toute bienveillante qu'elle pût être, se trouvait impuissante à donner satisfaction aux vœux exprimés. Dès lors, qu'en résultait-il? C'est que certains membres qui avaient pris à cœur ces questions, qui les avaient examinées et traitées avec beaucoup de soin, se décourageaient et se demandaient, en ne voyant pas appliquer les mesures qu'ils avaient préconisées, à quoi servaient des délibérations dont l'administration ne prenait nul souci, et des études dont il semblait n'être fait aucun cas, puisqu'aucune suite n'y était donnée.

Tel ne fut point cependant l'avis du Ministre de l'Algérie et des Colonies, puisque dans les instructions qu'il adressa aux préfets et aux généraux avant l'ouverture de la session de 1859, il se réserva, ce qui était logique, par suite de la suppression du Gouvernement général, la nomination des Chambres consultatives d'agriculture, et prescrivit, en même temps, ce qui nous paraît moins rationnel, pour les motifs que nous venons d'énumérer ci-dessus, de laisser chaque province libre de préparer un programme qui lui fût spécial, comme répondant mieux aux intérêts du régime agricole qui, dans chacune d'elles pourraient être de nature à soulever des questions différentes.

Or, qu'est-il résulté de cette divergence d'opinions et de votes émis? A quoi ont abouti toutes les délibérations des sessions de 1859, 1860 et 1861? A rien, absolument à rien. C'est à peine si les autorités provinciales en ont envoyé le compte rendu à l'administration centrale. Dès lors, le Gouvernement général n'intervenant plus dans ses délibérations que d'une façon tout-à-fait indirecte, et même ses délibérations lui étant la plupart du temps inconnues, il est impossible que les vœux exprimés par les Chambres aient pu recevoir une solution.

Nous venons de faire la part d'ingérance du Gouvernement, faisons maintenant la part d'attributions des Chambres, telles que ces attributions résultent de la loi du 20 mars 1851, que le décret du 25 mars 1852 n'a abrogée (en admettant qu'un décret puisse abroger une loi) que dans certaines de ses parties.

Aux termes de la l'art. 15 de la loi, c'est à la Chambre qu'il appartient de fixer l'époque de ses sessions. Toutefois, ce droit sans limite qui lui a été attribué se trouve soumis à diverses exigences.

Ainsi :

Les délibérations des Chambres doivent (art. 24) être soumises au Conseil général d'agriculture dont nous aurons occasion de dire quelques mots tout à l'heure. Il est donc indispensable que les Chambres se réunissent à une époque antérieure à la tenue de ce Conseil qui, ordinairement, a lieu de la fin de décembre à la fin d'avril. Il est donc nécessaire de laisser entre la session des Chambres et celle du Conseil général un laps de temps suffisant pour que le travail de centralisation et de dépouillement des procès-verbaux puisse être opéré.

D'un autre côté, le 2e paragraphe de l'art. 15 de la loi fait un devoir au Gouvernement général de soumettre aux délibérations des Chambres diverses questions dont l'instruction exige, en outre, le concours de plusieurs autres corps consultatifs destinés à éclairer le Conseil général du département. Il serait donc utile que la Chambre se réunisse pour délibérer sur ces affaires à une époque antérieure à celle fixée pour la session de cette première assemblée.

Au lieu de cela, c'est tout le contraire qui se passe actuellement. La Chambre d'agriculture se réunit ordinairement après le Conseil général. Pourquoi ? Ne serait-il pas préférable et en même temps plus logique de fixer au 1er mai, par exemple, l'ouverture de la session des Chambres consultatives, de telle sorte que les travaux qui auront été élaborés pourront être soumis au Conseil général, après examen préalable par l'administration. Cette époque nous parait, d'ailleurs, des plus propices pour une réunion de ce genre. C'est l'instant où la nature aide le plus au travail de l'homme, et où, par conséquent, la terre ne réclame plus les mêmes soins et la même surveillance. Les mois d'octobre et de novembre sont des époques où il faut absolument que le cultivateur, membre de la Chambre consultative, reste chez lui pour veiller, avec le coup d'œil du maître, à ce que ses attelages soient en état de fonctionner avec activité dès les premières pluies, et pour diriger lui-même les labours et les semailles.

En outre, aux termes du 2e pargraphe de l'art. 15 de la loi, la Chambre doit, chaque année, être consultée sur la distribution des sommes allouées, soit par l'État, soit par le département, pour les encouragements à l'agriculture. Il convient que la Chambre s'attribue ces propositions, car c'est bien à elle, de par la loi, qu'il appartient d'émettre, en premier lieu, son avis sur les sommes qui pourront être accordées à chacune des associations agricoles du département, ainsi que la destination qui lui paraîtra devoir être le plus utilement donnée à ces allocations, dans l'intérêt de l'agriculture locale.

C'est encore à la Chambre qu'il appartient de fournir son avis en ce qui concerne les sommes inscrites au budget départemental pour les encouragements à l'agriculture, à elle, à elle seule, à formuler les propositions relativement aux concours régionaux d'animaux reproducteurs, de produits agricoles et d'instruments aratoires.

Enfin, en ce moment où semble être résolue la question de suppression des inspecteurs de colonisation qui, jusqu'à ce jour, ont été, entr'autres attributions, particulièrement chargés du soin de préparer la statistique agricole, ne conviendrait-il pas de confier aux Chambres, conformément, d'ailleurs, aux dispositions de la loi, l'établissement de ce travail? Dans ce cas les membres de ces assemblées agiront-ils seuls ou seront-ils aidés par les comices, les autorités municipales ou les agents du Gouveruement? Nous pensons que cela doit être par les uns et par les autres tout à la fois.

Dans le but de réviser, corriger et contrôler ces tableaux, lorsqu'ils auront été exécutés, ne conviendrait-il pas de créer dans chaque département, par les soins de la Chambre d'agriculture, un Comité de révision permanent? Ne serait-il pas utile, en outre, de lui demander son avis sur les conditions spéciales que la statistique agricole pourra exiger, à l'effet de fournir des éléments suffisants d'appréciation?

Telles sont les questions que nous croyons devoir leur poser au moment où va s'ouvrir leur session annuelle. L'initiative des Chambres nous apprendra bientôt si nous avons eu raison ou si nous avons eu tort, d'appeler leur attention sur leur institution.

Comme conséquence des faits qui précèdent, disons quelques mots de l'utilité que nous semblerait présenter la création, au sein des Chambres consultatives d'agriculture, de comités permanents, tels qu'ils avaient été établis par l'art. 10 du décret du 6 octobre 1850.

L'objet de ces comités permanents avaient été, dans la pensée des rédacteurs du décret du 6 octobre, d'établir des rapports fréquents entre l'administration et les Chambres, de maintenir, en quelque sorte, la continuité des travaux de ces assemblées, et de donner ainsi à l'administration les moyens de s'éclairer, lorsque, dans l'intervalle des sessions, elle aurait à statuer sur des questions agricoles qui exigeraient une solution d'urgence. C'est dans ce but qu'il avait été spécifié que les membres de ces comités seraient choisis dans des conditions de résidence de nature à faciliter leur réunion toutes les fois qu'il pourrait y avoir lieu.

L'institution de ces Comités fut vivement combattue, lors de la préparation du projet de décret du 22 avril 1853. Certains pensèrent qu'il pouvait y avoir des inconvénients à faire résoudre ainsi les questions qui viendraient à surgir entre les sessions. Ils appréhendaient que l'esprit qui pourrait régner dans ces comités ne fût pas celui des assemblées elles-mêmes, et que les intérêts agricoles n'y fussent pas toujours envisagés à leur véritable point de vue. Ceux-là dirent encore que les comités permanents ne leur paraissaient pas présenter des avantages assez réels pour qu'une modification aussi grave fût apportée aux principes de la loi de France, et que le droit réservé au Gouverneur général de réunir les Chambres en sessions extraordinaires donnait une satisfaction suffisante aux besoins qui pourraient se révéler dans l'intervalle des sessions.

D'autres envisagèrent la création de ces comités permanents à un autre point de vue. Ils prétendirent que les Chambres d'agriculture, telles qu'elles étaient constituées, étaient des sortes de Conseils généraux qui, à ce titre, ne devaient s'occuper que de l'examen des questions présentant un intérêt général; les questions de détail, ainsi que celles qui n'ont qu'un caractère purement scientifique ressortissant, d'après eux, aux Comices agricoles et aux Sociétés d'agriculture, et rentrant tout naturellement dans leurs attributions.

Ils craignirent que la permanence des Chambres, représentées par un comité ou bureau constituât, une sorte de *parlementarisme* incessant qui, sous prétexte d'agriculture, s'immiscerait dans toutes les questions, et formerait, pour ainsi dire, un corps administratif et délibérant, à côté de l'administration elle-même.

Nos lecteurs pèseront ces raisons ; pour nous, elles ne nous paraissent pas convaincantes.

Les membres des Chambres consultatives d'agriculture ne devant, sauf les circonstances extraordinaires, être convoqués en assemblée générale qu'une seule fois par an, l'administration n'obtiendra jamais un concours suffisant de ces Chambres (l'expérience l'a prouvé), s'il ne lui est possible de communiquer avec elles qu'à des intervalles aussi éloignés ; sous ce rapport donc, la création des comités permanents complète l'institution.

Les Comités ont, d'ailleurs, une autre utilité : la continuité de leurs travaux, leur correspondance permanente avec l'administration les mettra en état de suivre les affaires, de se tenir au courant de tous les progrès. Ils auront à rendre compte aux Chambres, dès l'ouverture de chaque session, des faits accomplis, et à leur signaler les besoins qui se seront produits depuis leur dernière réunion. Enfin, quant aux appréhensions que l'on pourrait avoir sur l'esprit de parti ou de coterie qui porterait ces comités à empiéter sur les attributions des Chambres, et d'où naîtraient peut-être des luttes et des embarras pour l'administration, nous croyons que ces appréhensions qui pourraient, jusqu'à un certain point, se concevoir, si la nomination des membres des Chambres consultatives était encore dévolue à l'élection, n'ont rien de fondé, dès lors que le Gouverneur général les choisit lui-même et nomme également les membres du bureau.

La création des Comités permanents nous paraît utile et même nécessaire, surtout si l'on considère les difficultés, si ce n'est même l'impossibilité, qu'il y aurait pour les Chambres consultatives de satisfaire, sur beaucoup de points, au programme des attributions qui leur sont dévolues, si elles n'étaient suppléées, dans l'intervalle des sessions, par des commissions pouvant fonctionner toute l'année. La réunion des éléments de la statistique agricole que ces Chambres doivent fournir à l'administration, la correspondance avec les comices et les sociétés agricoles, la surveillance des publications que les Chambres sont autorisées à faire, sont des attributions qui appartiennent aux Chambres consultatives et qui ne pourraient être remplies directement par elles, dans la courte durée de leurs sessions. Les Comités permanents auraient donc cette mission bien déterminée, et qui suffit, à elle seule, pour légitimer leur création.

Tel devait être aussi l'objet des commissions instituées par la loi du 20 mars 1851 (art. 7) dont la création se justifiait précisément par la même raison qui avait dû faire adopter en Algérie les Comités permanents, à savoir la réunion et la centralisation au chef-lieu de la représentation agricole de chaque département. Si cette disposition de la loi du 20 mars a disparu dans l'organisation ultérieure des Chambres d'agriculture, c'est parce que la centralisation départementale elle-même a disparu et que les Chambres d'agriculture, telles qu'elles ont été organisées par le décret du 25 mars 1852, ne la comportaient plus. Les Chambres, en effet, ne se composent plus guère que de 6 à 7 membres. Mais, en Algérie où les les Chambres sont provinciales et ne peuvent être autre chose, nous expliquerons tout à l'heure pourquoi, il nous paraîtrait juste et sage de maintenir une disposition consacrée par la loi de 1851, et ce ne serait pas là, selon nous, déroger sans nécessité à un principe.

Il nous reste à répondre maintenant aux allégations de ceux qui prétendent que les Chambres d'agriculture, étant des sortes de Conseil généraux, ne doivent, par conséquent, s'occuper que des questions présentant un intérêt général ; toutes les autres ressortissant, d'après eux, aux Comices agricoles et aux Sociétés d'agriculture.

C'est là, à notre avis, une grave erreur. L'administration n'a, en réalité, qu'un Conseil agricole qui soit officiel ; celui-là domine tous les autres : c'est la Chambre consultative d'agriculture. C'est à la Chambre, organe de la représentation départementale, qu'appartient le droit de réviser les travaux plus spéciaux des comices et des sociétés. Cela est si vrai, que, dans le but, sans doute, de faciliter la révision de ces travaux, les auteurs du décret du 6 octobre 1850 avaient admis (art. 6) comme membres simples de ces assemblées, les présidents des sociétés d'agriculture et des comices agricoles.

Loin de porter atteinte à ces institutions, les Chambres consultatives leur prêteront, au contraire, un puissant concours et puiseront dans leurs travaux leurs renseignements les plus précieux,

Le Comice veille à ce qu'on fasse de bonne agriculture pratique et prime le meilleur résultat ; la Société d'agriculture voit, observe, enregistre les faits de pratique, et les livre à la publicité pour que les résultats en soient appréciés. La Chambre consultative, éclairée par son contact immédiat avec tout ce qui est agricole, fait connaître au Gouvernement, ce qui peut être favorable ou défavorable à l'agriculture dans les mesures législatives prises ou à prendre.

Ainsi, aux Sociétés agricoles il appartient d'aider aux progrès que font naître l'art et la science, qu'elle doit signaler ; aux Chambres consultatives seulement appartient l'économie politique de l'agriculture. Leurs attributions embrassent donc deux sortes d'idées ; l'état de l'agriculture et ses progrès, l'étude des lois dans leurs rapports avec les intérêts agricoles. En Algérie, elles seront appelées à soutenir ainsi, en l'absence d'un Conseil général des arts et manufactures, les droits de l'industrie dont il est si nécessaire de faire connaître les besoins et les ressources.

Certes, nous le disons avec regret, mais le fait est malheureusement trop exact et trop connu d'ailleurs, pour qu'il soit utile de le taire : l'organisation des Chambres consultatives d'agriculture pèche sous bien des rapports, mais elle pèche surtout par l'amoindrissement inexplicable que l'on semble faire de ses attributions, contrairement aux règlements qui les ont fixés. De là, les services fort contestables que ces institutions rendent aujourd'hui en Algérie.

En serait-il de même, nous le demandons, si on leur donnait toutes les satisfactions qu'elles ont le droit d'obtenir? non, il n'est pas possible de concevoir aucun doute à cet égard.

Il est encore d'autres questions qui nous ont paru mériter également de fixer l'attention des membres des Chambres consultatives d'agriculture et que nous soumettons avec confiance à leur examen.

La loi du 20 mars 1851, ainsi que décret du 25 mars 1852 ont institué en France un Conseil général d'agriculture, lequel est composé d'un membre choisi parmi ceux de chacune des Chambres consultatives des départements de la métropole.

Ce Conseil, c'est le complément obligé de l'institution des Chambres consultatives; l'ordonnance du 29 avril 1831 l'avait composé, nous l'avons dit, de trente propriétaires ou membres des sociétés d'agriculture, appelés par le Ministre du Commerce; le décret du 25 mars 1852 a appelé à y siéger un membre de chacune des Chambres consultatives du Nord, du Midi, de l'Ouest, de l'Est et du centre de la France.

Nous ne nous expliquons pas, dès lors, pourquoi on déshériterait plus longtemps les départements de l'Algérie du droit d'y être représentés, d'y faire entendre leurs voix, de s'y défendre contre des agressions injustes par l'exposé sincère des faits algériens, et d'éclairer la métropole, encore si ignorante de nos ressources, sur le riche parti qu'elle peut tirer de sa colonie. Et comment assurer à celle-ci ces avantages, si les représentants de l'agriculture algérienne ne sont pas admis à y siéger? et comment y siégeraient-ils, si ce n'est au même titre que les délégués de l'agriculture régnicole?

Qui doute que la cause de l'Algérie, malheureusement encore si débattue, comme si le pays n'existait que d'hier, ne soit définitivement gagnée, lorsqu'elle sera défendue par les enfants attachés à son sol dans une assemblée étrangère à toute politique, et qui compte dans son sein tout ce qu'il y a en France de plus éminent parmi les agronomes et parmi les économistes?

Mais, pour arriver à ce résultat, il faut rendre applicable à l'Algérie la loi du 20 mars 1851, avec d'autant plus de raison, d'ailleurs, que l'organisation des Comices agricoles, provoquée récemment par le Gouvernement général, rend nécessaire et indispensable le soin de réglementer la composition de ces sociétés.

Toutefois, comme la mise en vigueur, de ce côté de la mer, de la loi dont il s'agit exige des précautions, et qu'il convient de prévoir le cas où pourra se trouver réduite la haute administration de prononcer le renouvellement de la Chambre d'agriculture qui, méconnaissant son mandat, en abuserait pour susciter des embarras à l'administration locale et entraver sa marche au lieu de l'éclairer et de l'aider, nous pensons qu'il sera prudent d'armer le Gouverneur général du droit de dissolution (art. 16 du décret du 22 avril 1853).

Il conviendra également d'introduire dans le nouveau décret, outre les modifications que nous avons énumérées dans le cours de cet article, celles qui sont réclamées par la situation toute spéciale de la population algérienne et par l'organisation actuelle du pays.

Répondons maintenant, en tâchant d'être le plus sommaire possible, à la question qui nous a été posée : celle de savoir s'il ne conviendrait pas mieux de substituer les Chambres consultatives d'arrondissement aux Chambres départementales, conformément aux dispositions du décret du 25 mars 1852, que des considérations toutes politiques, nous le croyons, ont, à cette époque, motivées.

Les partisans du premier système trouvent, et, en cela, ils se basent sur l'expérience, selon eux concluante, de l'abstention d'un grand nombre de membres à assister aux séances, qu'en établissant des Chambres consultatives aux chef-lieux des départements, on oblige les membres de ces assemblées à des déplacements toujours fort onéreux, à des voyages difficiles, et qu'ainsi on écarte les hommes auxquels leur fortune ne permet pas de semblables déplacements, et l'on se condamne, dès lors, volontairement, à n'y avoir que des hommes de loisir, des hommes étrangers à la pratique, toujours plus disposés à s'occuper de questions théoriques que de questions d'intérêt purement agricole.

Placer, au contraire, disent-ils, les Chambres consultatives à l'arrondissement, c'est en faciliter l'entrée à des hommes modestes, peu faits pour briller dans des assemblées nombreuses, mais connus et estimés dans leur localité comme en étant les plus habiles cultivateurs ; c'est donner, enfin, aux intérêts divers de l'agriculture une représentation aussi spéciale que possible ; car une Chambre de département réunit souvent des représentants d'intérêts fort opposés.

S'agit-il de statistique, et pour l'agriculture, en Algérie surtout, l'établissement d'une bonne et fidèle statisque est indispensable, n'a-t-on pas plus de ressources à attendre d'une chambre d'arrondissement composée de praticiens, d'hommes connaissant bien les terrains, les habitudes, les besoins, les ressources des populations, que d'une Chambre de département qui s'occupera plus de questions générales que de questions de détail, et qui ne manquera pas de succomber sous une tâche aussi difficile.

Toutes ces objections ont, certainement, leur importance, et, au premier abord, on est frappé de leur justesse. Néanmoins, nous pensons, comme les Congrès d'agriculture, les Députés de 1840, et les Ministres qui avaient le mieux compris l'esprit de l'institution, que l'organisation des Chambres consultatives départementales est beaucoup plus rationnelle encore.

Développons notre pensée :

Une perturbation sociale profonde, née de l'infériorité relative de la condition des travailleurs a suivi la rupture de l'équilibre nécessaire entre l'agriculture et l'industrie ; il est essentiel, il est indispensable de les mettre de niveau en relevant rapidement l'agriculture, et en ne permettant plus qu'elle se laisse désormais devancer.

Ce qui a assuré à l'industrie une marche plus rapide que celle de la science agricole, c'est que le commerce a des relations très nombreuses, très étendues, très suivies ; il convient donc de constituer quelque chose de grand, quelque chose de fort, quelque chose qui soit capable d'exercer une influence décisive sur le développement de l'agriculture.

Que seraient, nous le demandons aux partisans du système opposé, pour un but si élevé, de modestes réunions de six ou huit agriculteurs au siége de chaque sous-préfecture ? Comment pénétrer de la dignité de leur mission des cultivateurs accoutumés, par le fait même de leur voisinage, à se trouver souvent réunis pour affaires de la plus minime importance ? Quelle unité de vues espérer de 12 à 15 délibérations prises en petit comité et différent à peine des entretiens familiers de cultivateurs se rencontrant dans les foires ou marchés, centre habituel de leurs relations et de leurs affaires ? Qu'attendre de réunions qu'on voudrait, sans doute, faire assez courtes, assez passagères, pour qu'elles n'entraînassent point pour les cultivateurs dont elles se composeraient la nécessité de quitter au delà d'un jour leurs domiciles et leurs cultures ? Serait-ce, enfin, à des réunions ainsi constituées que le gouvernement pourrait demander leur avis sur les améliorations à introduire dans les parties de la législation qui intéressent l'agriculture, sur les travaux publics, les douanes, le roulage, etc., ou même sur les intérêts agricoles du *département*, la distribution des fonds *généraux et départementaux* destinés à l'encouragement de l'agriculture ? Et, enfin, si l'on commettait la faute de créer ces Chambres consultatives par arrondissement, aurait-on le moyen de les faire vivre ?

Non, il faut, nous le répétons, quelque chose de plus haut placé pour rendre à l'agriculture les mêmes services que le commerce a reçu de ses chambres et de ses conseils des arts et manufactures. En France que s'est-il passé dans un autre ordre d'idées? L'expérience est là, elle a prononcé : les Conseils généraux sont et tendent chaque jour davantage à devenir d'importantes assemblées ; les Conseils d'arrondissements sont si peu de chose que nous croyons qu'ils ne sont rien du tout.

Vainement nous objectera-t-on qu'on se rendrait exactement à l'arrondissement en raison de son voisinage, et qu'on ne se rendra pas au département à cause de l'éloignement. Erreur, les faits sont là encore qui le démontrent. On ne fait pas volontiers deux lieues pour peu de chose, on ne craint pas de parcourir de grandes distances pour quelque chose d'important.

Il peut y avoir, sans doute, dans les arrondissements des spécialités agricoles ou statistiques à étudier d'une manière particulière ; on peut avoir besoin, à un moment donné, de renseignements pour lesquels il ne soit pas nécessaire de réunir une Chambre consultative tout entière. Mais c'est là l'office des comices et des sociétés d'agriculture qui, plus tard, seront organisées par canton, lorsque les cantons existeront en Algérie comme en France, et qui, en attendant, commencent à s'organiser partout, d'après les nouvelles que nous recevons, par arrondissement ou centre de quelque importance. Ces associations, dans les cas de cette nature, rempliront, certes, le même but que les petites chambres d'arrondissement, et elles auront l'avantage de ne rien coûter à l'État, ou du moins de ne coûter que fort peu de chose. Créer des chambres consultatives d'arrondissement, ce serait abolir l'unité départementale, la seule qui ait quelque raison d'être et qui puisse exister ; ce serait créer le cahos et vouloir empêcher la lumière de se faire.

Que l'on donne aux Chambres consultatives départementales les attributions qui leur appartiennent réellement, que l'administration veuille bien les consulter, quand c'est leur droit de l'être, et l'on verra si les membres de ces assemblées qui auront une fois accepté cette mission de confiance, ne s'efforceront pas de s'en montrer dignes. Le doute pour nous n'existe pas.

L'impulsion est aujourd'hui donnée. Une agitation agricole puissante se prononce d'un bout à l'autre de notre colonie. Chacun veut être agriculteur, comme, autrefois, tous voulaient être citoyens de Rome. Il appartient aux Comices, aux Sociétés et aux Chambres consultatives d'agriculture de favoriser une pareille tendance, en se rappelant ces paroles si vraies d'un grand souverain, que : « de l'amélioration ou du déclin de l'agricul- » ture date la prospérité ou la décadence des empires. »

Au lieu de végéter dans l'inaction ou de dépenser, sans but sérieux, l'énergie dont les membres de ces assemblées sont tous doués, qu'ils s'efforcent d'étudier en communauté d'idées et de sentiments toutes les questions embrassant ce qu'il y a de plus important dans la science ou l'art agricole et dans l'économie politique, en tant, toutefois, que celle-ci touche de près ou de loin à l'agriculture.

Nous avons déjà acquis en Algérie une vieille expérience. Nous connaissons trop bien les hommes et les choses de ce pays qui, aujourd'hui, est devenu le nôtre, sans aucun esprit de retour, pour n'être pas convaincu que le vœu que nous venons d'exprimer sera, avant peu, exaucé, et que l'agriculture algérienne aura ici les mêmes droits et les mêmes succès que le commerce et l'industrie ont déjà obtenus dans la métropole, et d'où provient leur prospérité.

§ IV.

Les Expositions agricoles et les Concours de bestiaux.

Frappé de n'avoir pu se rendre compte, depuis les quelques mois qu'il était à la tête des affaires de l'Algérie, des résultats obtenus, ainsi que du degré de perfectionnement des produits agricoles, un homme qui a su laisser dans le cœur de tous ceux qui l'ont connu des souvenirs durables, un fonctionnaire éminent, trop tôt retiré à la colonie (1), proposa et fit prendre par le Gouverneur général intérimaire, M. le général Marey-Monge, l'arrêté du 8 juillet 1848 qui, pour la première fois, a institué en Algérie une exposition publique annuelle des produits agricoles et de l'industrie.

C'est, nous venons de le dire, dans le double but de faciliter à l'administration le moyen de se rendre compte des progrès réalisés et de stimuler en même temps l'ardeur et l'émulation des cultivateurs que l'exposition de 1848 fut décidée.

Ainsi fut fait le premier pas dans cette voie qui, par le mobile de l'intérêt et de la publicité, est arrivé à créer la production agricole qui, avant n'existait pas, et en dehors de laquelle il n'y a, en définitive, ni commerce, ni industrie possible, non pas que notre intention soit de prétendre ici que l'Algérie était morte alors et que son réveil ne date que de l'exposition

(1) M. Frédéric Lacroix, alors directeur général des affaires civiles et premier préfet d'Alger en 1848 et 1849, notre ancien chef et notre ami, que nous sommes heureux de pouvoir remercier ici des soins affectueux dont il a bien voulu entourer nos débuts dans la carrière que nous avons entreprise.

de 1848. Non, c'est de l'histoire que nous écrivons ici, et notre devoir est d'être impartial. L'Algérie n'était pas morte, il est vrai, mais elle sommeillait lourdement, elle ne se connaissait point elle-même, elle s'ignorait totalement. L'institution des expositions agricoles a eu le pouvoir de la galvaniser, et l'expérience nous a montré suffisamment depuis, comme le disait le considérant si laconique et si vrai de l'arrêté du 8 juillet 1848 : « Qu'une exposition publique des produits agricoles » est de nature à encourager puissamment l'agriculture algé- » rienne. »

La mesure prise par le Gouvernement général ayant paru de nature à exercer une influence favorable sur l'avenir de l'agriculture de la colonie, le Ministre de la Guerre s'empressa de l'approuver en prescrivant d'examiner s'il ne conviendrait pas de l'étendre également aux deux provinces d'Oran et de Constantine.

Le succès de cette première exhibition qui eut lieu à Alger dans la cour du Lycée (septembre 1848), ayant répondu aux espérances qu'on avait conçues, cette mesure fut, l'année suivante, étendue aux deux autres provinces. Depuis cette époque jusqu'en 1855, chacune des trois provinces de l'Algérie a eu son concours annuel d'animaux reproducteurs et de produits divers,

Les premiers concours furent d'abord très suivis par les cultivateurs européens ; mais, à partir de 1854, un certain relâchement se fit remarquer, et les expositions ne furent plus aussi animées que par le passé. Ce relâchement tenait à une cause bien simple : l'abus que l'on avait fait jusqu'alors de ces exhibitions, qui réellement n'ont plus la même raison d'être, lorsqu'elles sont répétées ainsi annuellement.

Les concours de 1855 arrivant après l'exposition universelle de Paris furent plus délaissés encore, et, dès lors, l'on pensa qu'il était opportun de changer de système.

C'est à ce moment que, sur l'avis conforme des Chambres

consultatives d'agriculture, du Gouverneur général et du Conseil de gouvernement, le Ministre de la Guerre prit, à la date du 15 septembre 1856, un arrêté portant :

1° Substitution aux expositions provinciales d'expositions générales à ouvrir successivement tous les trois ans au chef-lieu de chacune des trois provinces ;

2° Maintien, dans chaque province, des exhibitions annuelles pour le bétail, sous la condition de les ouvrir successivement dans les centres où l'élève des animaux aurait révélé les progrès les plus marqués.

Cette dernière disposition devint l'origine des concours régionaux de bestiaux.

Conformément aux instructions ministérielles, deux expositions générales furent organisées : la première, à Alger, en 1857, et la seconde, à Oran, en 1858.

Nous avons lu fort attentivement le compte rendu de ces deux exhibitions ; il nous a été également donné d'assister à celle d'Alger, et nous déclarons, d'après l'impression qu'elles ont laissée dans notre esprit, n'y avoir rien vu, ou semblé voir, qui fût bien remarquable pour des expositions générales. Leur tort, sans doute, était de suivre de trop près les premiers concours.

Cependant, nous ne partageons pas complètement l'avis formulé par le Conseil général de la province de Constantine qui proposa de supprimer cette exhibition pour 1859, en s'appuyant sur les considérations suivantes :

1° Les expositions générales sont inutiles ;

2° Elles sont en désaccord avec le principe de la séparation des provinces ;

3° Elles donnent lieu à des emplois de fonds qui pourraient recevoir une meilleure affectation.

Nous croyons que les expositions générales sont utiles, que le principe de la séparation des provinces est un amour-propre de clocher mal placé dont l'expérience a, d'ailleurs, fait raison depuis longtemps ; qu'enfin les fonds spéciaux à l'agriculture ne pourraient recevoir une meillleure affectation qu'en les employant à stimuler l'ardeur et l'émulation des colons qui, à leur tour, créent la production agricole.

Seulement, notre avis est que ces exhibitions trop fréquentes, répétées chaque année, tendent à détruire le principe au lieu de le consolider.

Un mot, un seul mot, pour expliquer notre pensée.

L'agriculture n'invente pas, elle crée ; c'est, par dessus tout, une science de fait, elle nécessite de nombreuses observations, beaucoup de persévérance, de travail et de soins, car souvent de grandes difficultés s'opposent à son développement et la puissance humaine ne parvient à la faire progresser qu'après une succession d'essais et d'efforts.

Une création demande, non pas une année, mais une série d'années. Donc, répéter les expositions tous les ans, c'est trop, beaucoup trop. On fatigue les cultivateurs et on s'expose à ne voir figurer au concours que des productions déjà connues, lesquelles, dès lors, ne sont plus vues avec intérêt par ceux qui suivent les concours dans le but d'y puiser quelque enseignement dont ils puissent faire l'application chez eux.

En outre, il convient de faire remarquer que ces expositions ne sont générales que de nom. Tous les producteurs de l'Algérie sont appelés à y prendre part, c'est vrai, mais elles ne se garnissent réellement que des produits de la province où elles ont lieu. Les envois des autres provinces n'en sont que le très mince accessoire. Veut-on des chiffres à l'appui, nous allons en donner.

D'ailleurs, pour qu'une exposition générale mérite réellement ce nom, il convient, il est indispensable d'appeler à faire partie du Jury des hommes étrangers à la localité où l'exposition a lieu cette année-là.

NOMBRE DE PRIX ATTRIBUÉS A CHAQUE PROVINCE
dans les Expositions générales de 1857 *et* 1858.

Exposition d'Alger (1857).		Exposition d'Oran (1858).	
Alger	52	Oran	52
Oran	9	Alger	6
Constantine	7	Constantine	5
	68		63

Il n'est rien de plus brutal que les chiffres, dit-on, mais aussi il n'est rien de plus éloquent. Qu'on juge, d'après les précédents, si notre opinion n'a pas quelque raison d'être.

De tels résultats condamnaient évidemment le système des expositions générales répétées tous les trois ans alternativement dans chaque chef-lieu de province.

Le vote du Conseil général de Constantine fut donc pris en sérieuse considération par la Direction des affaires de l'Algérie. Le principe mis en avant par lui fut tacitement, si ce n'est ouvertement adopté, et l'on convint de maintenir seulement les concours de bestiaux.

Nous n'avons pu savoir quels ont été, durant ces dernières années, les résultats des exhibitions de ce genre à Constantine ; nous avons tout lieu de croire, d'après le silence qui a été gardé à cet égard, ainsi que d'après la lecture des procès-verbaux des séances du Conseil général, qu'il n'y en a point eu. Une pareille abstention, disons-le, est regrettable à tous égards. Nous avons déjà expliqué pourquoi les concours stimulent l'ardeur et l'émulation des colons, cultivateurs ou éleveurs.

Ceux qui ont été tenus à Alger et à Oran pendant les années 1859, 1860 et 1861 ont été fort brillants.

En 1859, les concours provinciaux réunissaient : à Alger, 449 têtes, à Oran, 422.

En 1860, le concours provincial tenu à Bouffarik comptait un égal nombre de bêtes que l'année précédente, 449, et le concours régional de Milianah, qui avait lieu à peu près à la même époque, en réunissait 225.

Cette année-là le concours régional et provincial d'Oran et les quatre concours régionaux de Mostaganem, de Mascara, de Tlemcen et de Sidi-bel-Abbès en ont réuni ensemble 1442.

En 1861, 455 bêtes de toutes races, brebis comprises, furent présentées au concours provincial de Bouffarik, et 590 au concours régional d'Orléansville, tandis que le concours provincial et les concours régionaux de la province d'Oran en ont compté ensemble 1615.

La progression, comme on le voit, est en faveur des concours régionaux. Cela se comprend facilement : les cultivateurs mettent d'autant plus d'empressement à faire l'exhibition de leurs produits qu'ils ont un moins long trajet à faire, et, surtout, que ces produits sont jugés dans le pays même par des personnes les connaissant et qu'ils connaissent. C'est pourquoi nous ne comprenons pas davantage la création des concours *provinciaux* pour les animaux reproducteurs, que nous ne nous expliquons celle des expositions générales triennales dont nous avons déjà parlé.

L'expérience nous semble avoir fait raison de ces exhibitions qui n'ont de *provinciales* que le nom, et qui n'attirent généralement que les producteurs de la région, lesquels, de cette manière sont primés doublement par le concours régional et par le concours provincial. Dès lors, pourquoi établir une distinction qui n'a pas de raison d'être ? pourquoi donner aux uns des médailles d'argent et aux autres des médailles de bronze, lorsque les sujets présentés ne valent certainement pas mieux ? Certes, ce n'est point équitable.

Terminons ici cet article, le passé pouvait bien appartenir à l'histoire, mais le présent ne nous appartient pas. Tout jugement, d'ailleurs, serait prématuré, téméraire peut-être, et notre devoir d'écrivain est de nous abstenir de toute critique à cet égard. Disons seulement que l'Exposition générale de 1862 s'annonce sous les plus favorables auspices ; que l'emplacement qui a été choisi pour la tenue de ce concours est splendidement magnifique ; la vue y jouit d'un coup-d'œil admirable : c'est la baie de Naples avec le beau ciel d'Alger en plus.

Le nombre des déclarations est aujourd'hui de 1,545, dont 509 pour la métropole, 745 pour la province d'Alger, 76 pour celle d'Oran et 215 pour celle de Constantine.

Ces 1545 déclarations se répartissent de la manière suivante :

Instruments et machines..	611	dont 509 venant de France.
Animaux...............	274	
Produits divers.........	660	
Total..........	1545	

Pour contenir à l'aise ce grand nombre de machines, il faudra le vaste local qui a été destiné pour cet usage ; il en vient de tous les points de la France, du Nord, du Midi, du centre, de l'Est et de l'Ouest.

Néanmoins, quelque brillante que sera, sans doute, cette exposition, pour laquelle le Gouvernement général n'a rien négligé, notre opinion reste toujours la même. Nous ne croyons pas à la bonté du système remis en vigueur par l'arrêté du 30 août 1861, qui dispose que des expositions générales auront lieu alternativement tous les trois ans au chef-lieu de chaque département de l'Algérie. Nous avons expliqué pourquoi, maintenant concluons.

CONCLUSION.

Des faits qui précèdent, il ressort :

1° Que les expositions sont un stimulant très énergique à l'ardeur et à l'émulation des colons ;

2° Que les expositions *provinciales annuelles* obèrent le trésor et lassent les cultivateurs ;

3° Que celles dites *générales*, et qui doivent avoir lieu alternativement tous les trois ans au chef-lieu de chacune des provinces de l'Algérie, ne le sont, en réalité, que de nom ; car le nombre des concurrents des autres provinces est insignifiant.

4° Que les concours *provinciaux* de bestiaux sont inutiles pour le même motif, puisqu'ils ne servent généralement qu'aux éleveurs de la région.

Conséquemment, nous pensons :

1° Que le principe des expositions doit être maintenu, puisqu'il est profitable au pays ;

2° Que les expositions *provinciales* doivent désormais être les seules déterminées d'une manière périodique, mais qu'il convient de décider qu'elles n'auront plus lieu que tous les trois ans, à Alger et à Oran pour ces deux provinces, et à Philippeville pour la province de l'Est, afin que les autres villes du littoral puissent plus facilement y envoyer leurs produits ;

3° Qu'il y a opportunité de maintenir les concours régionaux annuels de bestiaux, mais qu'il faut supprimer les concours provinciaux ;

4° Enfin, pour ce qui est relatif aux expositions générales, notre avis est qu'il serait, à tous égards, préférable de ne plus en ouvrir qu'à de rares intervalles, neuf années, par exemple, ce serait là, du moins, un sûr moyen de rendre ces exhibitions intéressantes pour tous, cultivateurs et industriels, qui seraient certains d'y trouver des produits susceptibles d'attirer leur attention, parce que ces produits auraient eu le temps de se créer et de se perfectionner.

Neuf années, nous dira-t-on, mais c'est un siècle pour l'Algérie, et vivrons-nous ce siècle ? peut-être oui, peut-être non. Qu'importe, d'ailleurs ! Ce n'est point notre vie qu'il faut considérer, mais bien le temps moral qu'il faut laisser au progrès pour qu'il puisse se réaliser. — Nous en avons vu d'assez grands depuis bientôt quinze années que nous habitons l'Algérie, pour être certain que l'Exposition générale d'agriculture de 1871, si elle a lieu, en accusera de si marqués en tous genres, qu'elle fera, sans doute, l'admiration de tous ceux, algériens et étrangers, qui pourront la voir. Les efforts des colons, leur persévérance et leur énergie à lutter contre la misère qui, si souvent, abat les plus fortes intelligences, sont des gages assurés des succès de l'avenir.

FIN.

Cette Revue était destinée à paraître, ainsi que l'indique la suscription, dans le courant du mois de septembre ; les travaux multipliés dont notre éditeur, M. Duclaux, a été chargé pendant une quinzaine de jours, en ont fait ajourner la publication. Nous profitons de ce retard, pour donner ici un aperçu du nombre des animaux de toutes races qui ont été présentés à l'Exposition générale d'Alger, du 5 au 10 octobre courant.

Les déclarations comprenaient 274 sujets (chaque lot de 20 brebis ou de 10 chèvres comptant pour un) ; elles se subdivisaient de la manière suivante :

Race chevaline..............	70	sujets.
Race bovine................	109	id.
Race ovine (béliers et brebis)..	567	têtes.
Race caprine................	66	id.
Race porcine................	10	id.
Total.........	822	bêtes.

Au lieu de cela, il n'est arrivé que :

Race chevaline..............	54	sujets.
Race bovine................	67	id.
Race ovine (béliers et brebis)..	294	têtes.
Race caprine...............	38	id.
Race porcine................	9	id.
Total.......	462	

Soit donc 360 bêtes en moins que les déclarations ne le comportaient.

Un grand nombre de stalles sont donc forcément restées vides, et l'État en a été pour ses frais. Pourquoi faire des déclarations inutiles ? Nous le demandons à ceux qui ont cru devoir s'abstenir; sans doute, c'est là un fait qui se reproduit fort souvent, tant en France qu'en Algérie, mais il n'en est pas moins blâmable, et nous espérons que ce reproche que nous leur adressons, à titre de propriétaire comme eux, arrivera jusqu'à tous ceux qui se sont abstenus.

Alger, le 10 octobre 1862.

Léon Hérail.

TABLE DES MATIÈRES.

www.ingramcontent.com/pod-product-compliance
Ingram Content Group UK Ltd.
Pitfield, Milton Keynes, MK11 3LW, UK
UKHW020958180726
13838UKWH00003B/1377